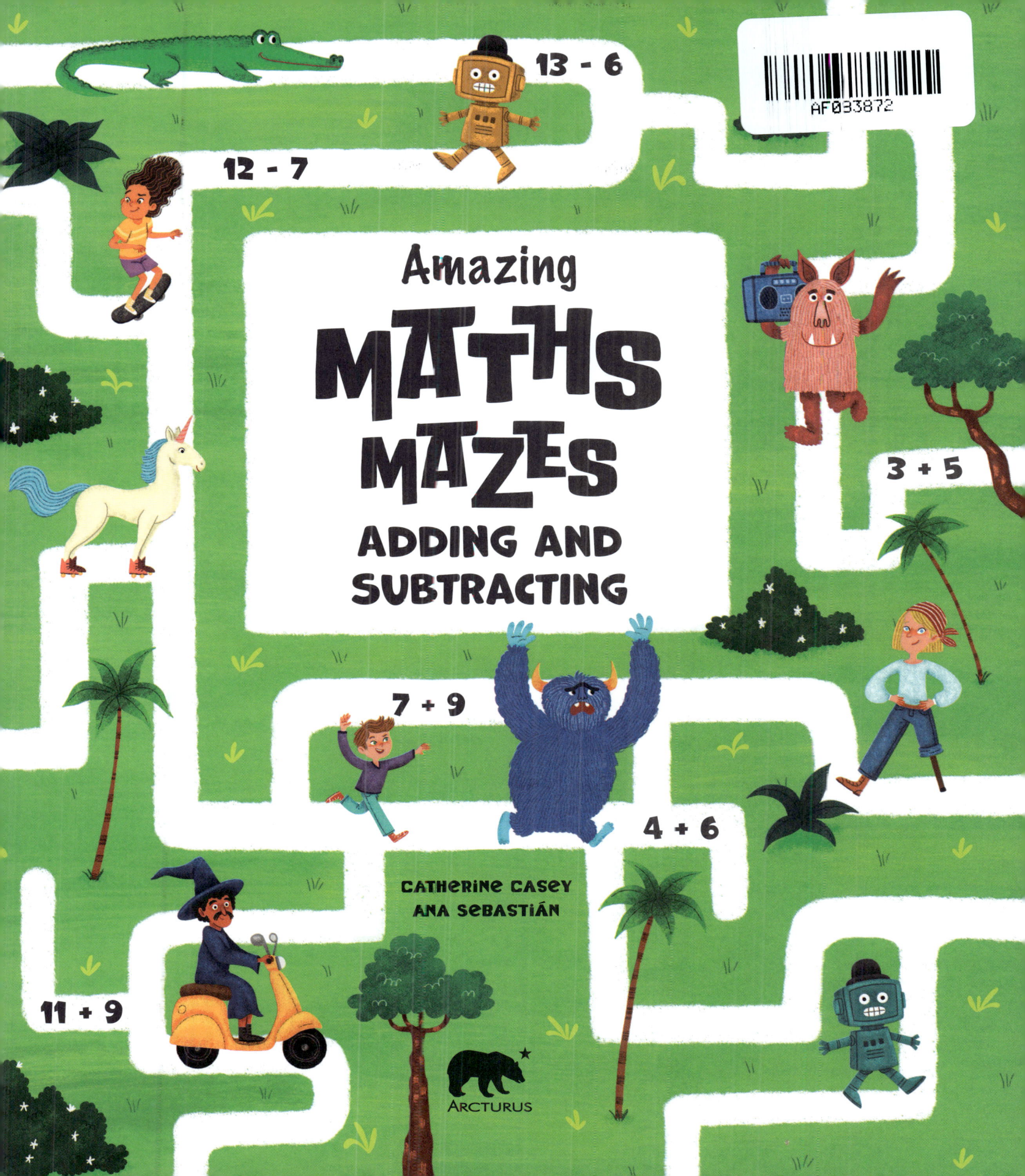

ARCTURUS

This edition published in 2024 by Arcturus Publishing Limited
26/27 Bickels Yard, 151–153 Bermondsey Street,
London SE1 3HA

Copyright © Arcturus Holdings Limited

All rights reserved. No part of this publication may be reproduced, stored in a retrieval system, or transmitted, in any form or by any means, electronic, mechanical, photocopying, recording, or otherwise, without prior written permission in accordance with the provisions of the Copyright Act 1956 (as amended). Any person or persons who do any unauthorized act in relation to this publication may be liable to criminal prosecution and civil claims for damages.

Author: Catherine Casey
Illustrator: Ana Sebastián
Editor: Violet Peto
Designer: Stefan Holliland
Editorial Manager: Joe Harris

ISBN: 978-1-3988-3352-4
CH011566NT
Supplier 29, Date 0524, PI 00005859

Printed in China

HOW TO USE THIS BOOK

Welcome to the "funtastic" world of adding and subtracting mazes! This activity book is full of exciting scenes to help you learn and become confident with the basics of addition and subtraction.

Solve each equation, and then choose the correct path to reach the end.

After you have completed the maze, check that you followed the correct route by turning to pages 88-95.

Some topics come with a **Top Tip** to help you on the way.

NUMBER BONDS	10 Bonds	20 Bonds
Number bonds are pairs of numbers that make up a given number. These are some of the number bonds up to 10 and 20.	1 + 9 2 + 8 3 + 7 4 + 6 5 + 5	1 + 19 2 + 18 3 + 17 4 + 16 5 + 15

You can find a 100 square and a number line to help you on page 96.

NUMBER BONDS UP TO 10

Help the rock climber scale the wall in record time. Add the numbers, and follow the correct answer to the next handhold.

TOP TIP Start at the biggest number and count on.

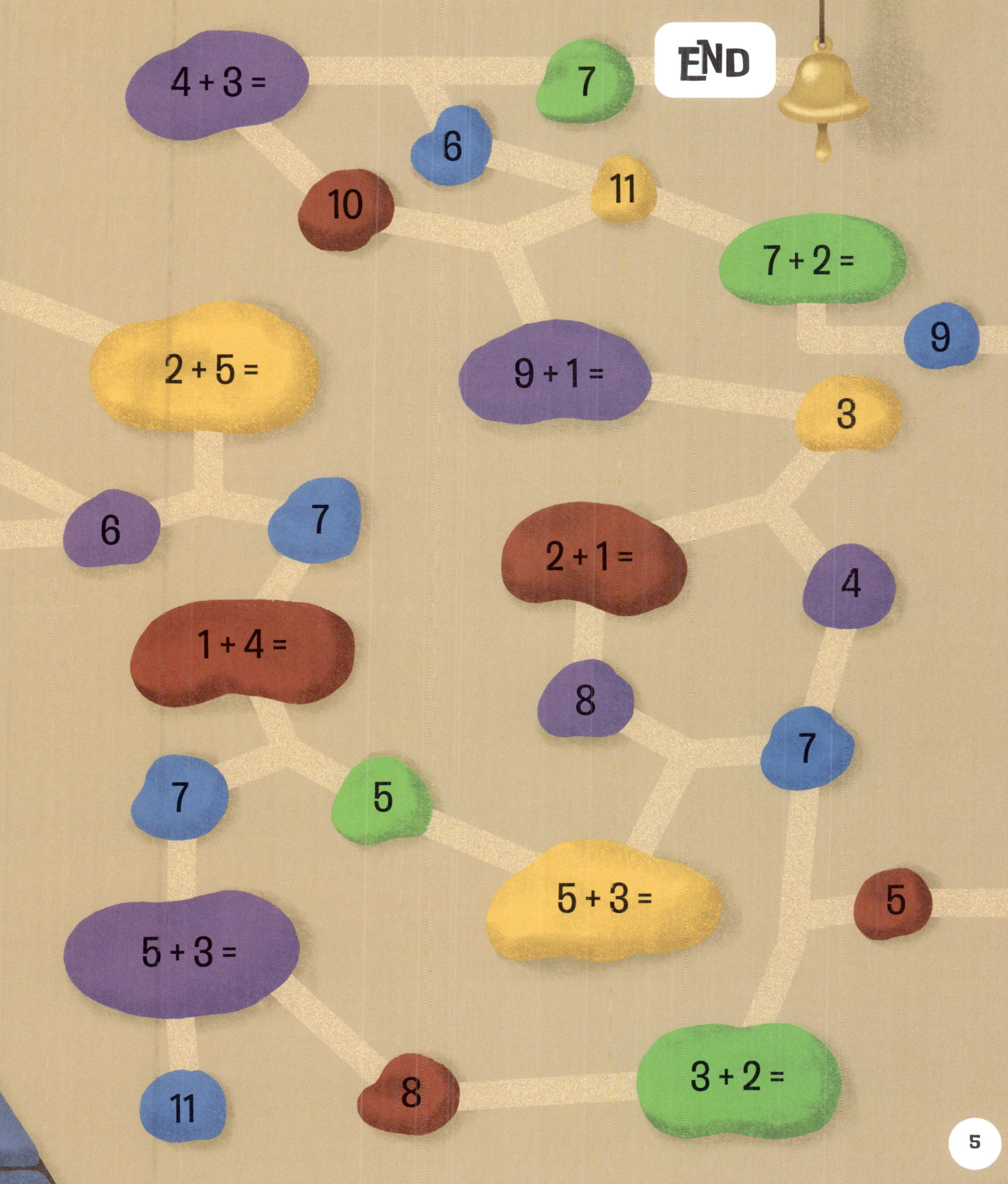

☐ + 10 = 10

0

END

1

2

6

9 + ☐ = 10

0

7

6

☐ + 2 = 10

4 + ☐ = 10

7

8

5

8 + ☐ = 10

6

7

3 + ☐ = 10

START

MAKING 10

Guide the computer character across the screen. Solve the problems with the missing numbers, and follow the answers.

7

MISSING NUMBER PROBLEMS

Help the soccer player score the winning goal! Dodge the other players by finding the missing numbers.

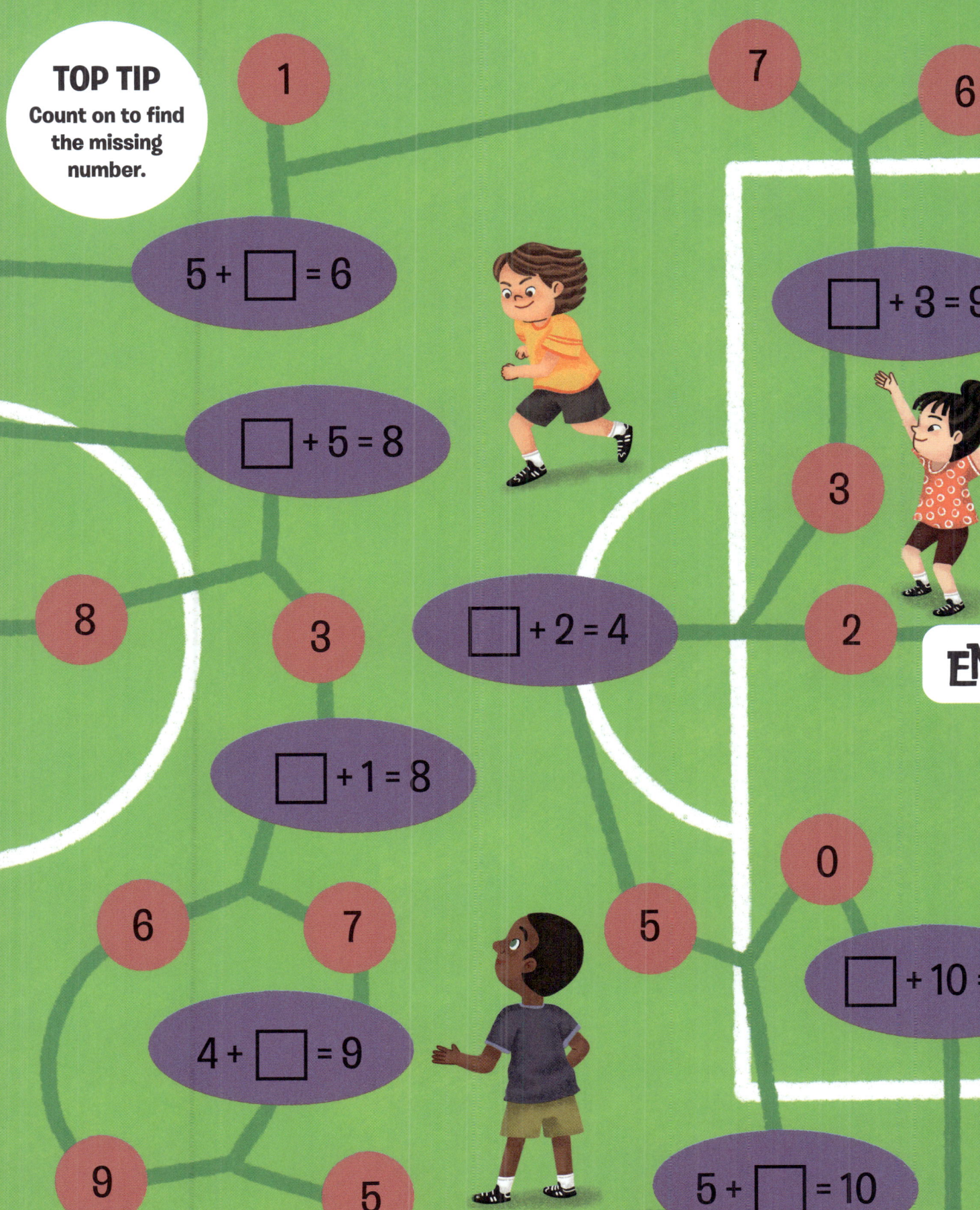

ADDING 10

Help the worm wiggle its way to the surface. Add 10 to each number to choose the correct route!

NUMBERS UP TO 20

Help the polar bear hop over the icebergs back to her cub. Add the numbers, and follow the correct answer to find the next iceberg.

 END

20
15 + 2 =

19

16 + 3 =   14   15

TOP TIP
Use your number bonds to help you.
2 + 5 = 7
2 + 15 = 17

2 + 12 =

8 + 11 =

20   19

4 + 9 =

14

11

5 + 13 =   18   4 + 7 =

19

4 + 9 =   15

12

TAKE AWAY FROM 20

Zoom through outer space, and land on the moon. Take away the numbers from 20, and whoosh along the correct route.

END

10

20

20 - 0 =

20 - 1 =

11

15

20 - 6 =

20

14

19

20 - 1 =

20 - 10 =

18

17

START

20 - 3 =

18

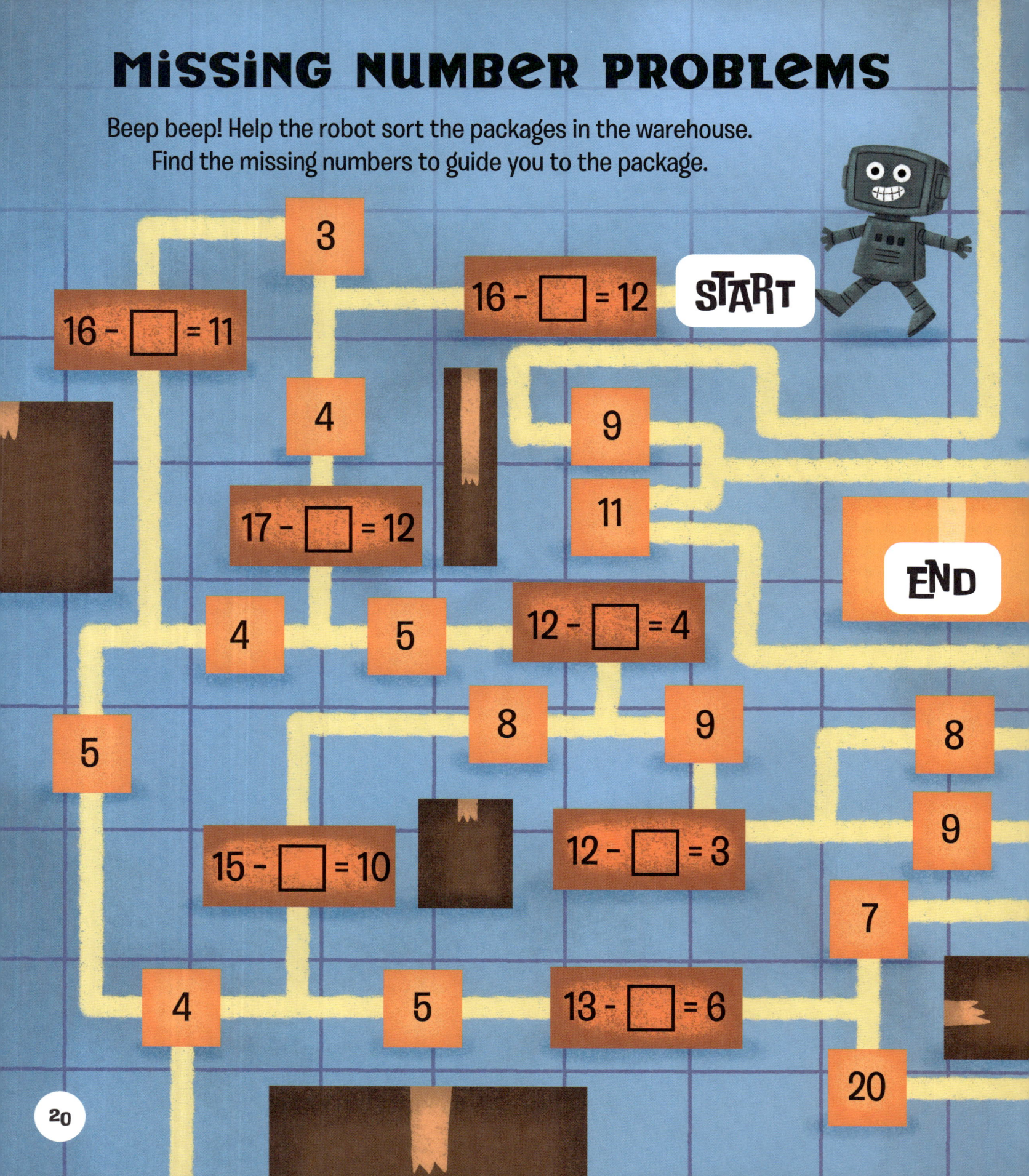

ADDING A ONE-DIGIT NUMBER

It's your job to guide the plane safely down to the runway. Add the one-digit number to the two-digit number, and follow the correct answers.

START

23 + 4 =

28

27

28

6 + 32 =

29

38

39

27 + 1 =

23 + 5 =

45

41 + 5 =

46

TOP TIP
Add the ones and then the tens.

ADDING MULTIPLES OF 10

Take the alpaca for a walk around the mountains. Add the multiples of 10 to follow the correct path.

60 + 30 =

20 + 30 =

5

10 + 30 =

50

START

10 + 50 =

40   50

70

60

TOP TIP
Use your number bonds and place values to help.
3 + 4 = 7
30 + 40 = 70

40 + 20 =

70

80 + 10 =

60

28

ADDING 10 TO A TWO-DIGIT NUMBER

This pirate is seeking the treasure. Can you get there first? Add 10 to each two-digit number to find the way to the treasure.

ADDING MULTIPLES OF TEN

Guide the mountain biker down the twists and turns of this trail. Add multiples of 10 to each two-digit number to show the way.

71 + 20 =

74

65

13 + 30 =

75

33

43

97

87

47 + 50 =

49

59

END

58

66

57

17 + 40 =

56

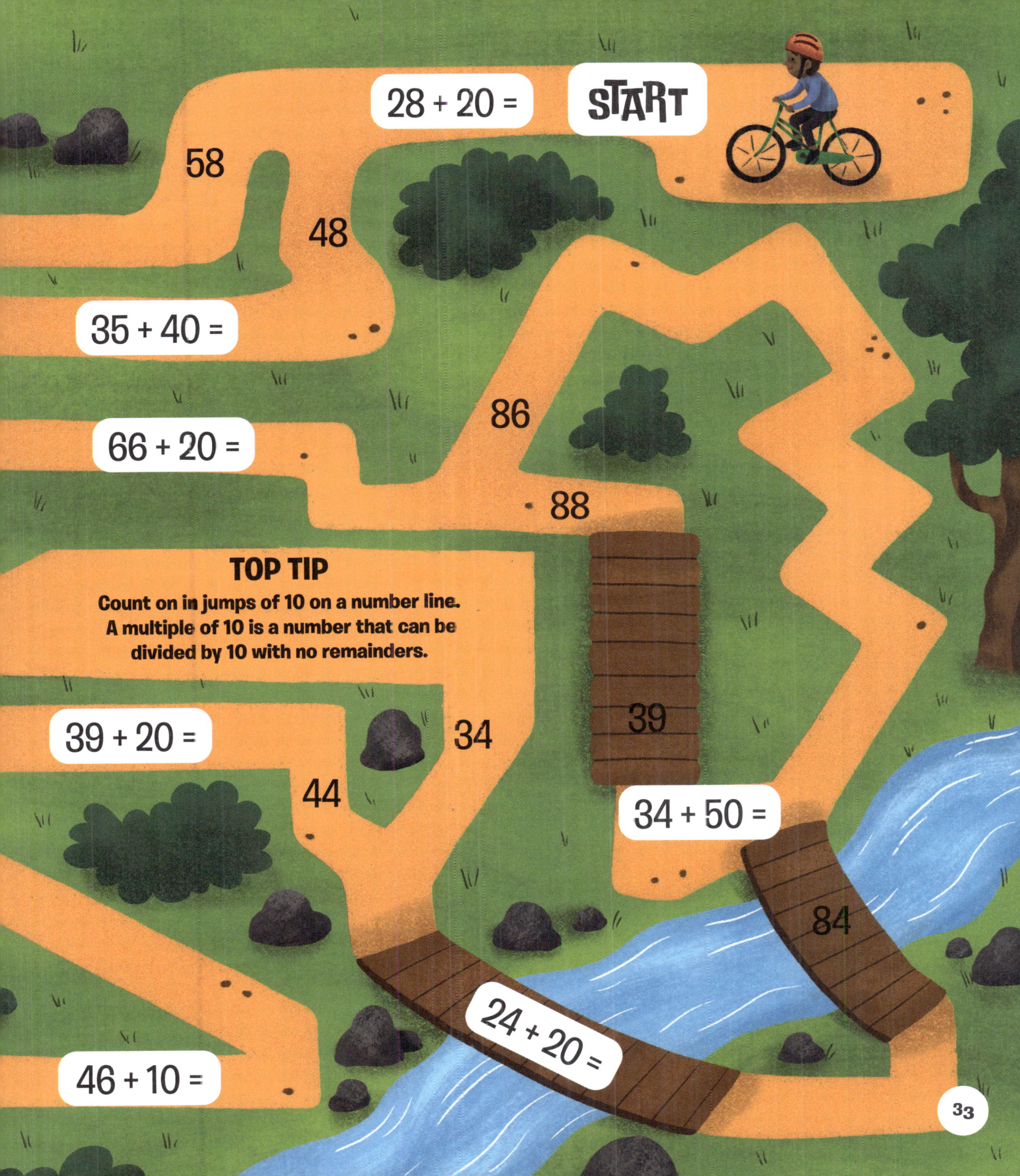

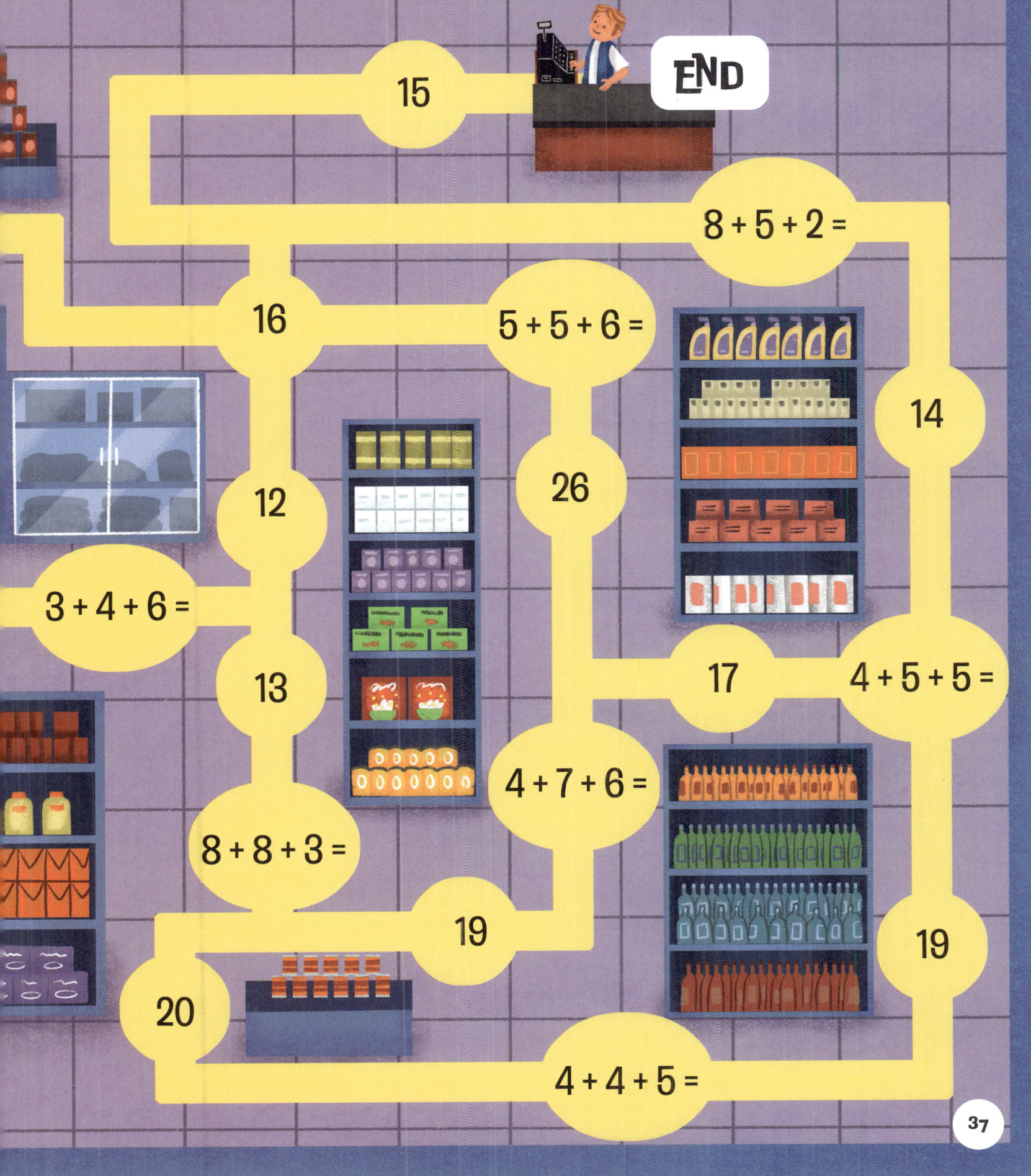

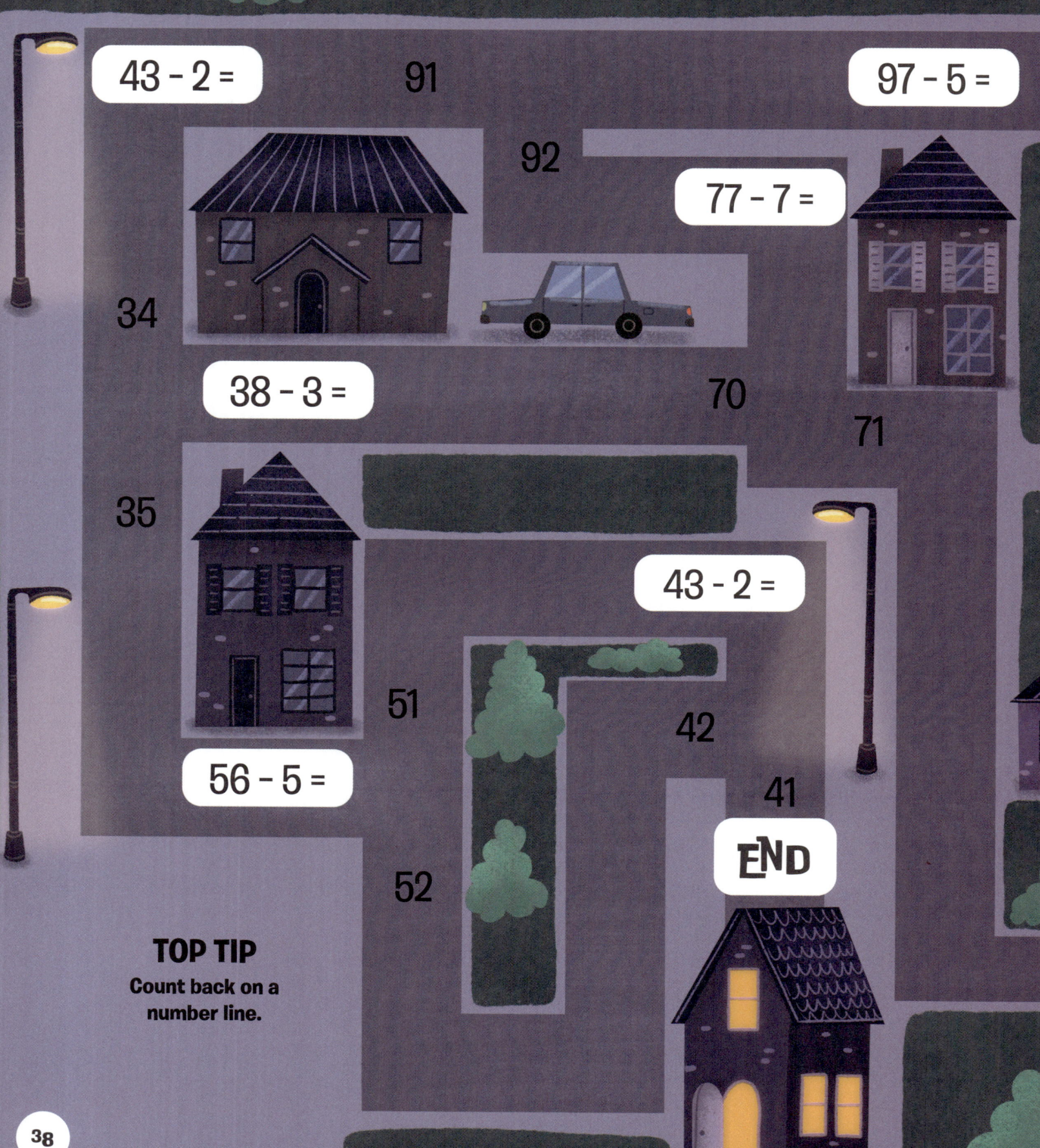

TAKE AWAY A ONE-DIGIT NUMBER

Show this little cat the way back home. Take away the one-digit from the two-digit number to find the correct house.

TAKE AWAY 10

Help the dinosaur back to her eggs before they hatch! Take away 10 from each two-digit number to get her through the volcanic landscape.

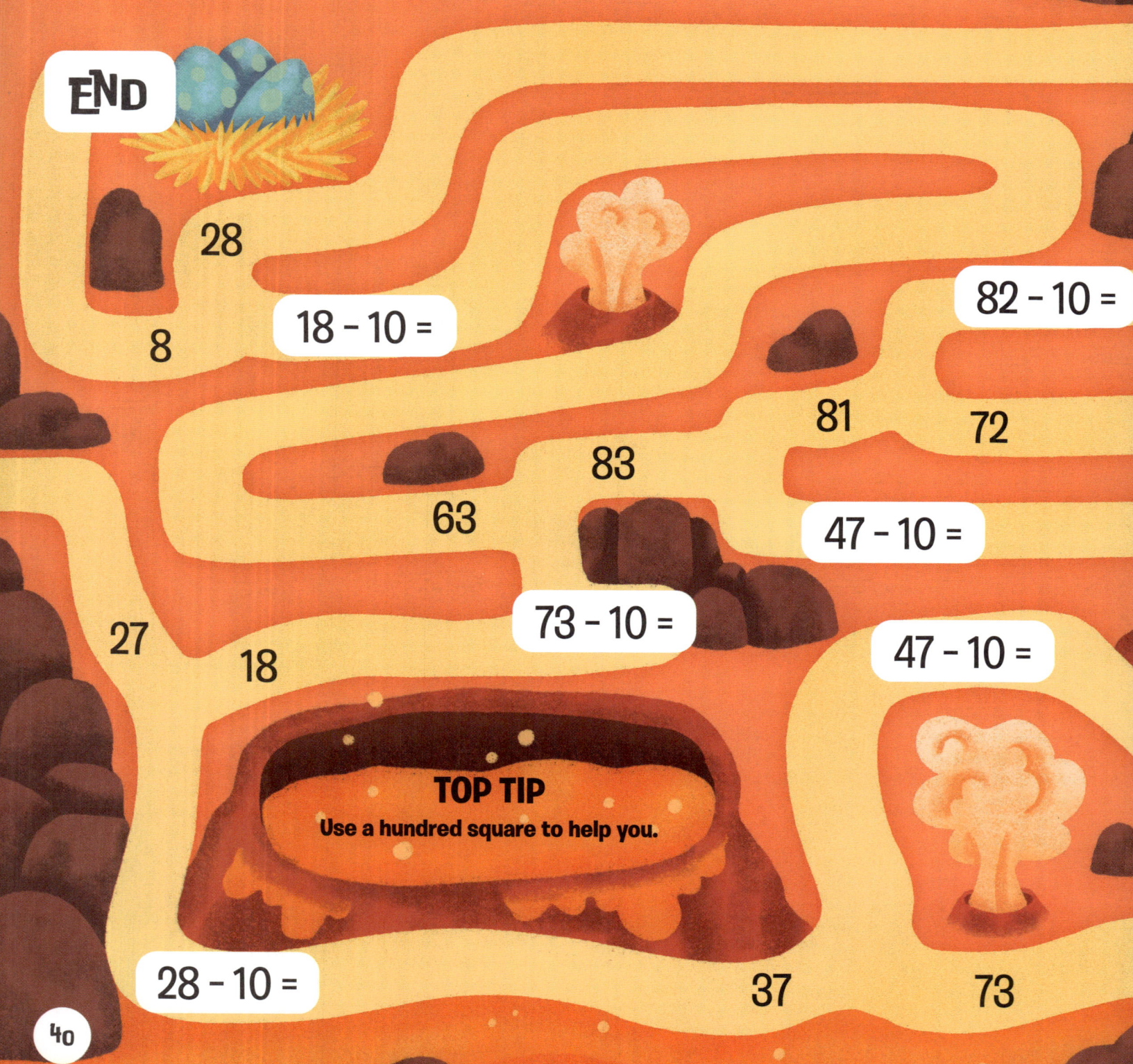

END

28
8
18 - 10 =
82 - 10 =
81
72
83
63
47 - 10 =
73 - 10 =
47 - 10 =
27
18

TOP TIP
Use a hundred square to help you.

28 - 10 =
37
73

END

57 - 20 =

37

47

43

34

69 - 20 =

TOP TIP
Count back in tens. A multiple of 10 is a number in the 10 times table.

83 - 40 =

59

49

51

41

71 - 20 =

START

52 - 30 =

32

22

TAKE AWAY A TWO-DIGIT NUMBER

Help the snail slither his way to the lettuce. Take away the two-digit numbers to learn which way to go next.

31

72 − 41 =

63 − 12 =

32

54

58 − 13 =

45

27 − 16 =

53 − 24 =

12

33

11

34

END

55 − 21 =

DOUBLES TO 50

Dribble the ball, dodge the other players, and dunk into the hoop. Double the numbers to dribble along the correct path.

ADD THREE MULTIPLES OF 10

The mouse is out of his house and hunting for the cheese! Add the three multiples of 10 to find the way to the cheese. Watch out for the cat along the way.

40 + 40 + 20 =

130

80

170

50 + 20 + 20 =

70 + 30 + 30 =

150

111

20 + 20 + 40 =

120

110

130

140

20 + 80 + 50 =

50 + 50 + 20 =

80 + 40 + 20 =

140

130

120

130

90 + 30 + 10 =

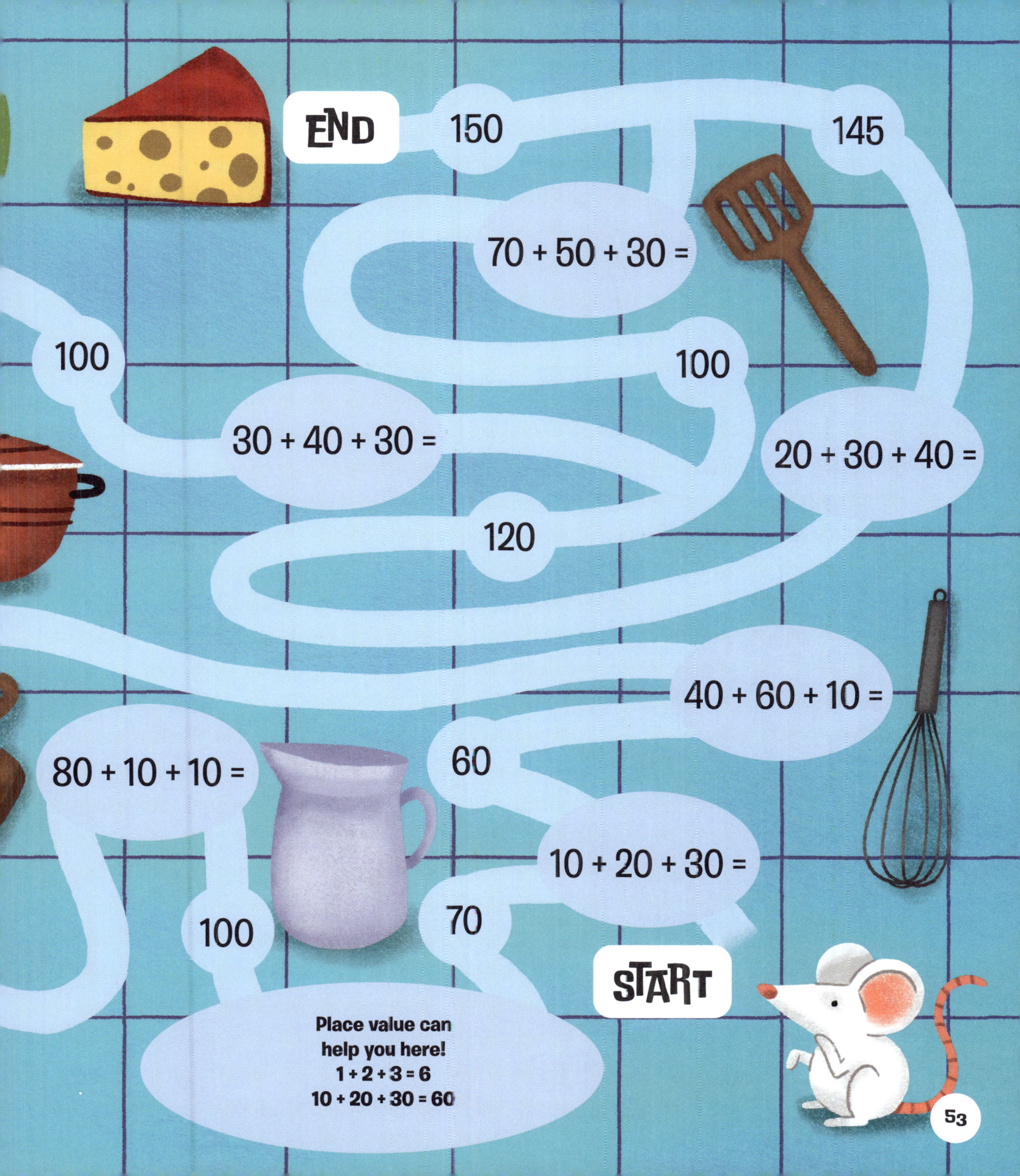

FIND THE MISSING NUMBERS

The train is chugging along the track back to the station. Fill in the missing numbers and follow the answer to signal the train in the right direction.

20

$74 + \square = 94$

50

$97 - \square = 17$

$82 - \square = 32$

20

$36 + \square = 56$

40

40

$29 + \square = 59$

50

$12 + \square = 62$

50

$15 + \square = 55$

30

10

START $27 - \square = 17$

20

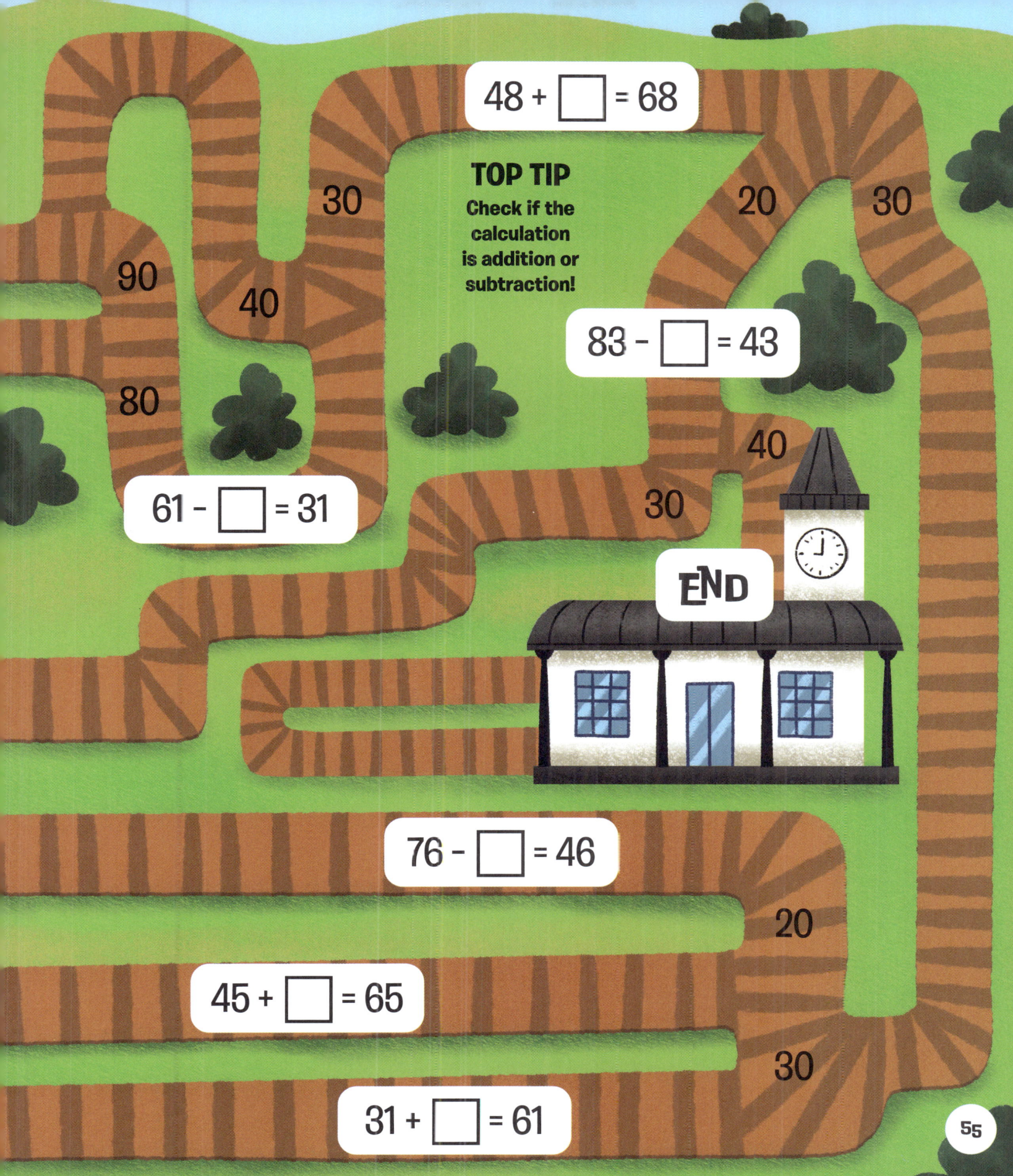

ONE MORE

The busy bee is buzzing from flower to flower. Guide her round the garden back to her hive. Add one to find the next flower and the bee hive.

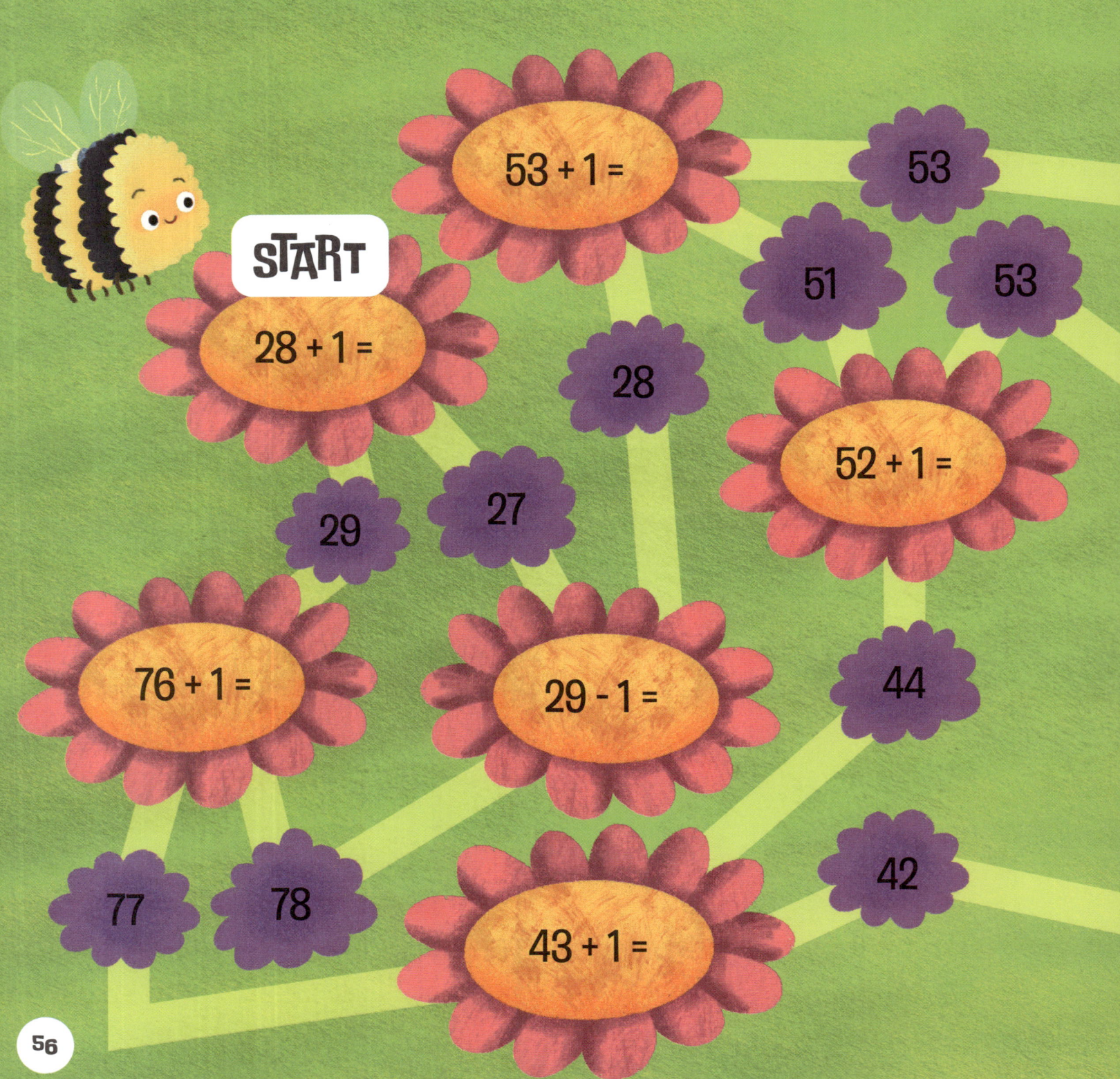

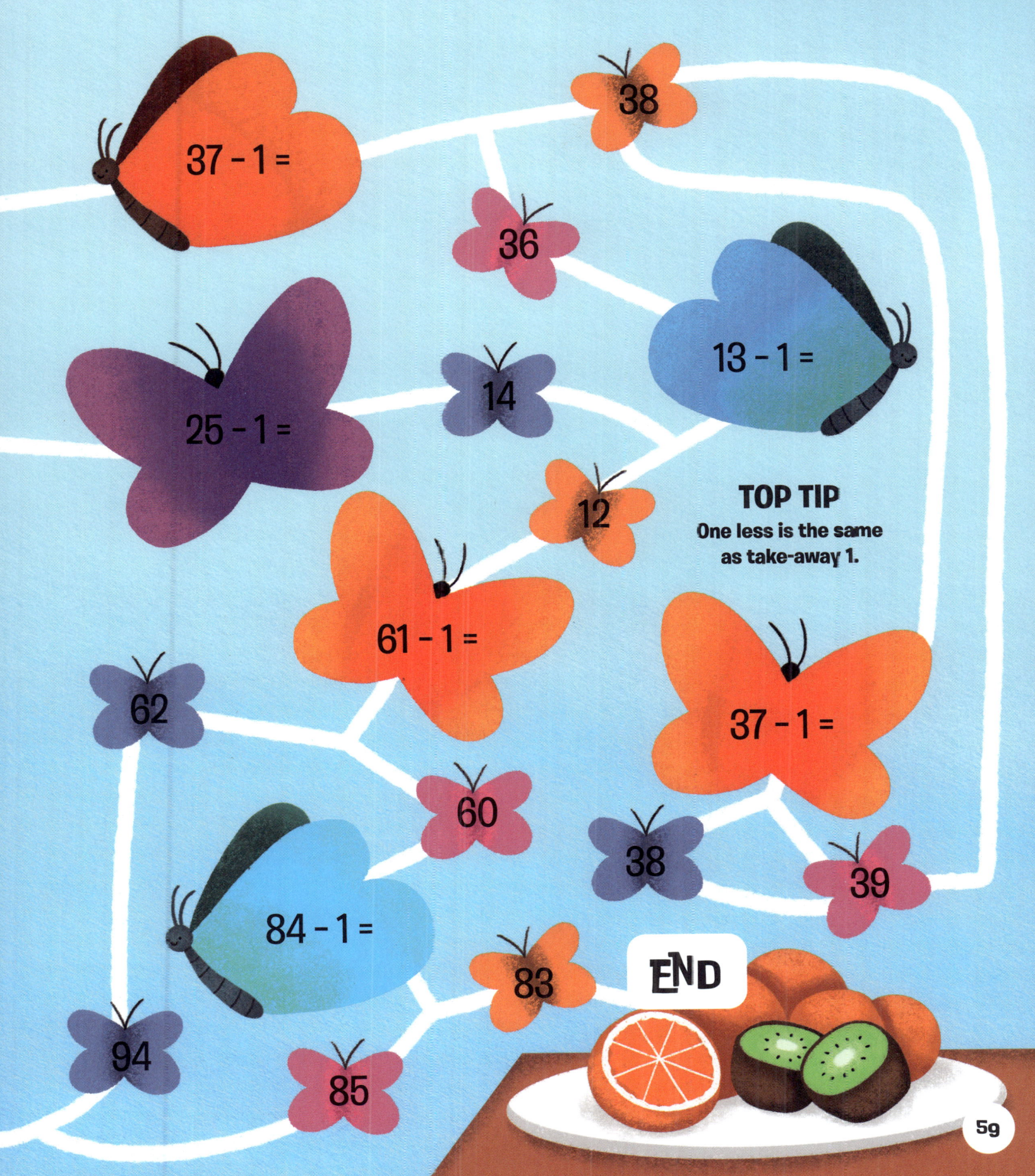

ADDING 1

Binoculars at the ready! This explorer is searching for a rare parrot. Add one to journey through the jungle.

START

9 + 1 =

19

29 + 1 =

10

58

18

19 + 1 =

20

60

59 + 1 =

79 + 1 =

70

69 + 1 =

60

99 + 1 =

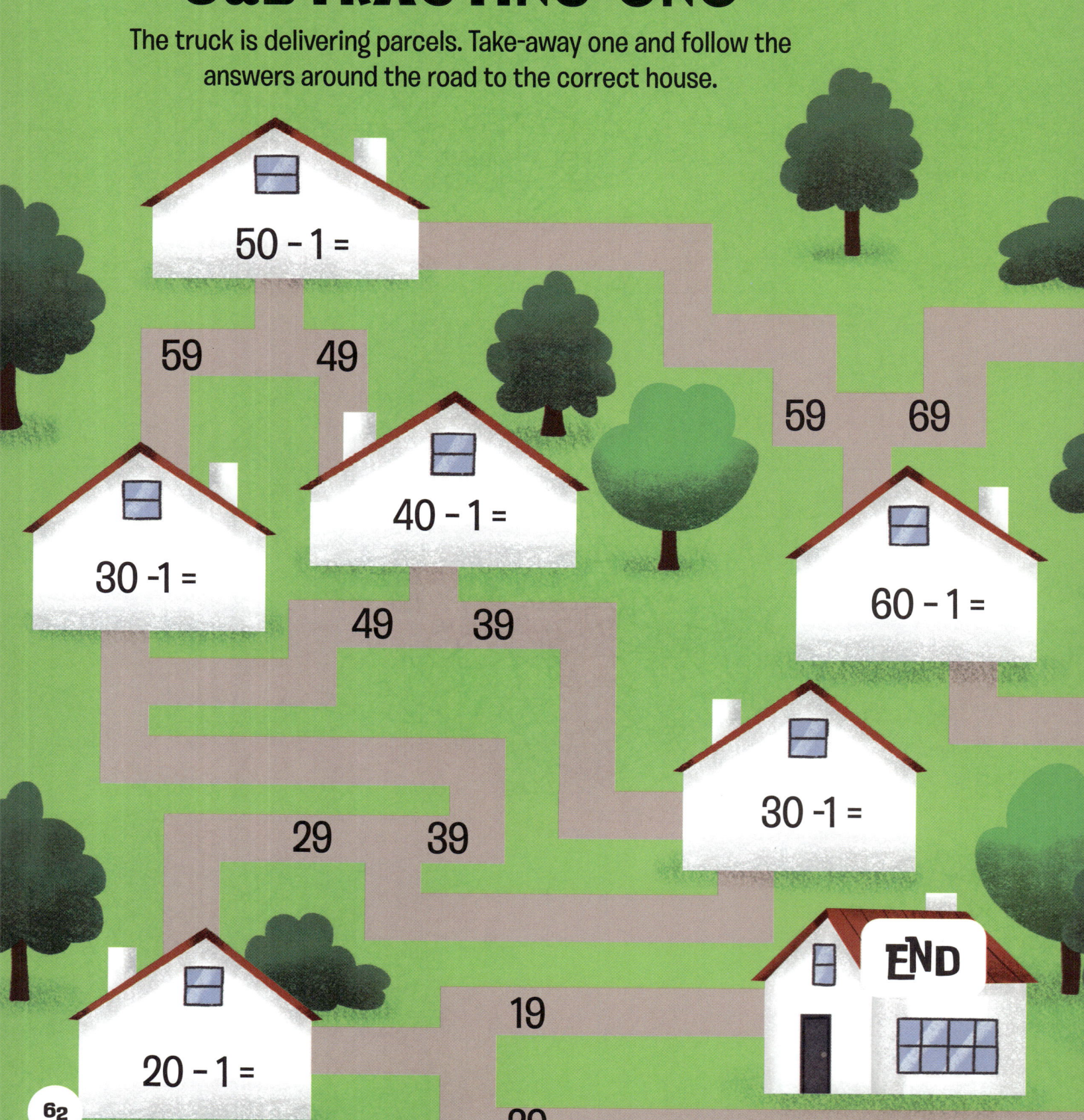

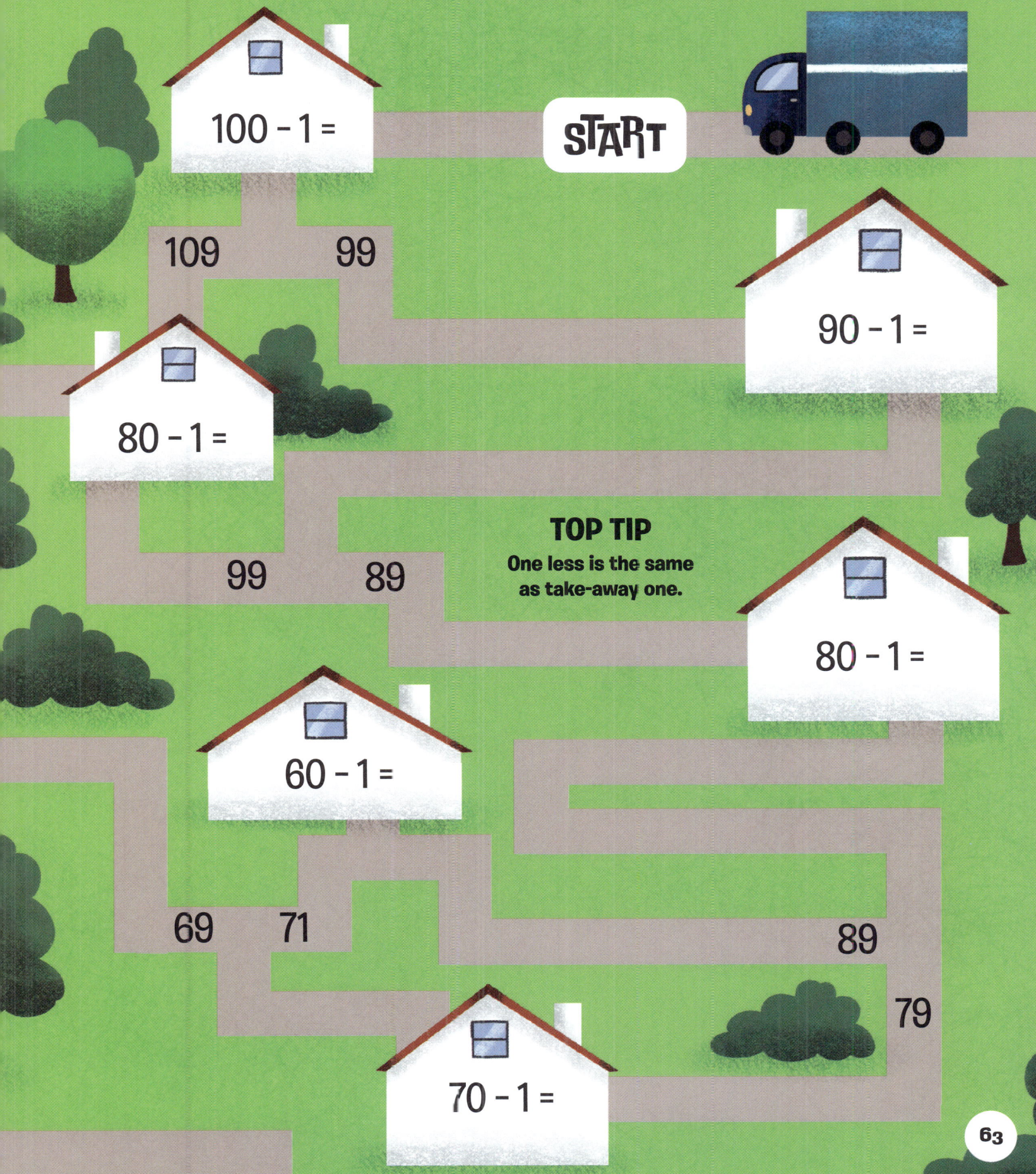

ADDING A 1-DIGIT NUMBER ACROSS THE 10S

Can you get across the busy beach to the ice-cream van? Add the 1-digit numbers to the 2-digit numbers to complete each problem.

2 + 79 =

2 + 88 =

61

63

90

7 + 65 =

91

9 + 52 =

72

6 + 38 =

32

33

71

4 + 28 =

81

4 + 37 =

82

3 + 79 =

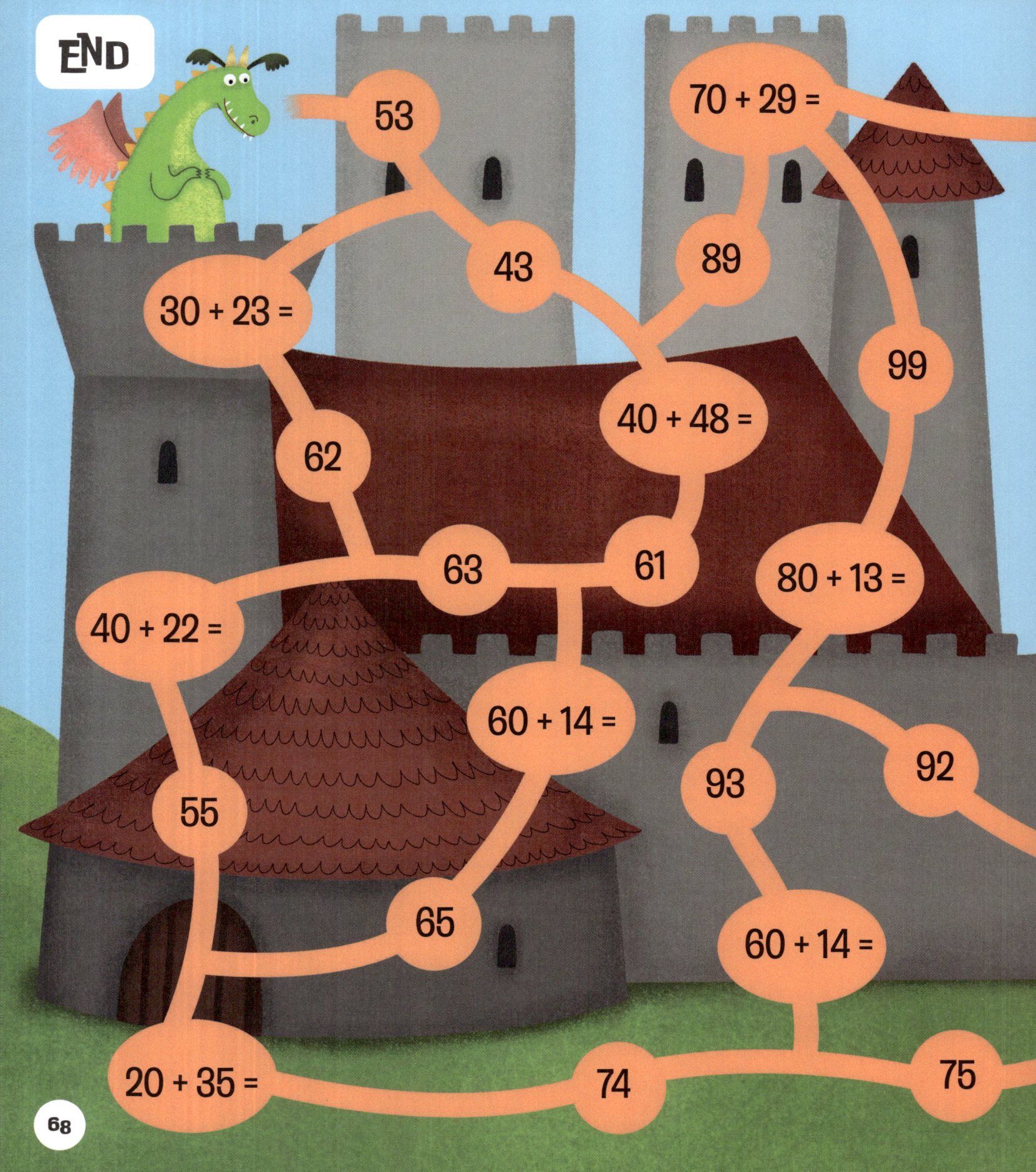

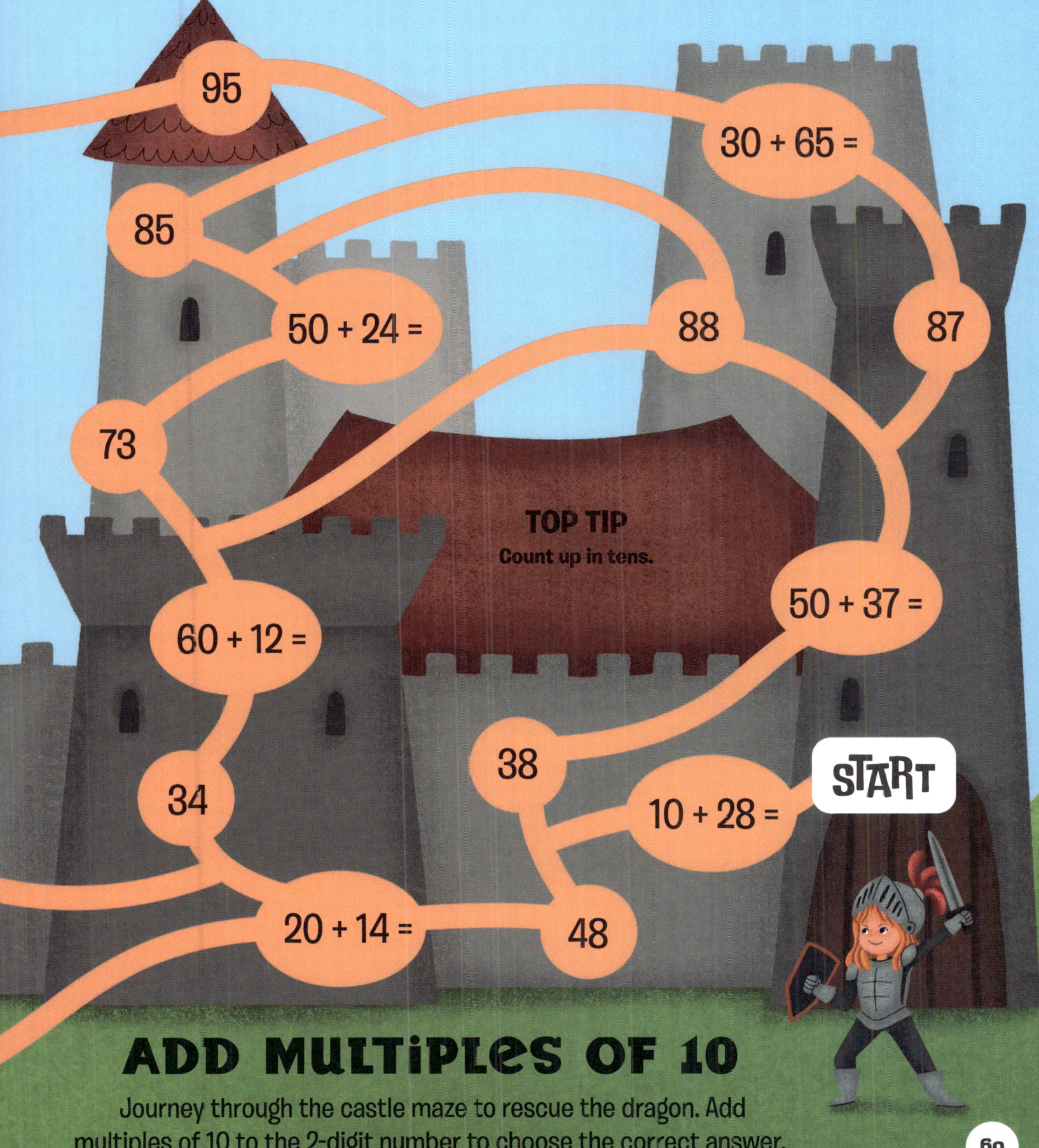

ADDING A 2-DIGIT NUMBER THAT LEAPS ACROSS THE TENS

Shhh! Quietly tiptoe along the shelves to find a book to read. Add the 2-digit numbers together and follow the answers along the way.

LET'S TRY ADDING 3 NUMBERS

Journey across the desert on a camel. Add the three numbers together to find the correct path.

4 + 4 + 6 =

15
14
18
17

6 + 6 + 9 =

9 + 9 + 7 =

26
25

7 + 8 + 3 =

TOP TIP
Look out for doubles or number bonds to ten. Remember you can add in any order.
2 + 3 = 3 + 2

15
16

END

5 + 5 + 5 =

22
23

START

9 + 1 + 5 =

13

14

8 + 3 + 2 =

7 + 3 + 3 =

16

15

17

9 + 2 + 2 =

12

21

6 + 9 + 6 =

22

6 + 6 + 9 =

8 + 8 + 7 =

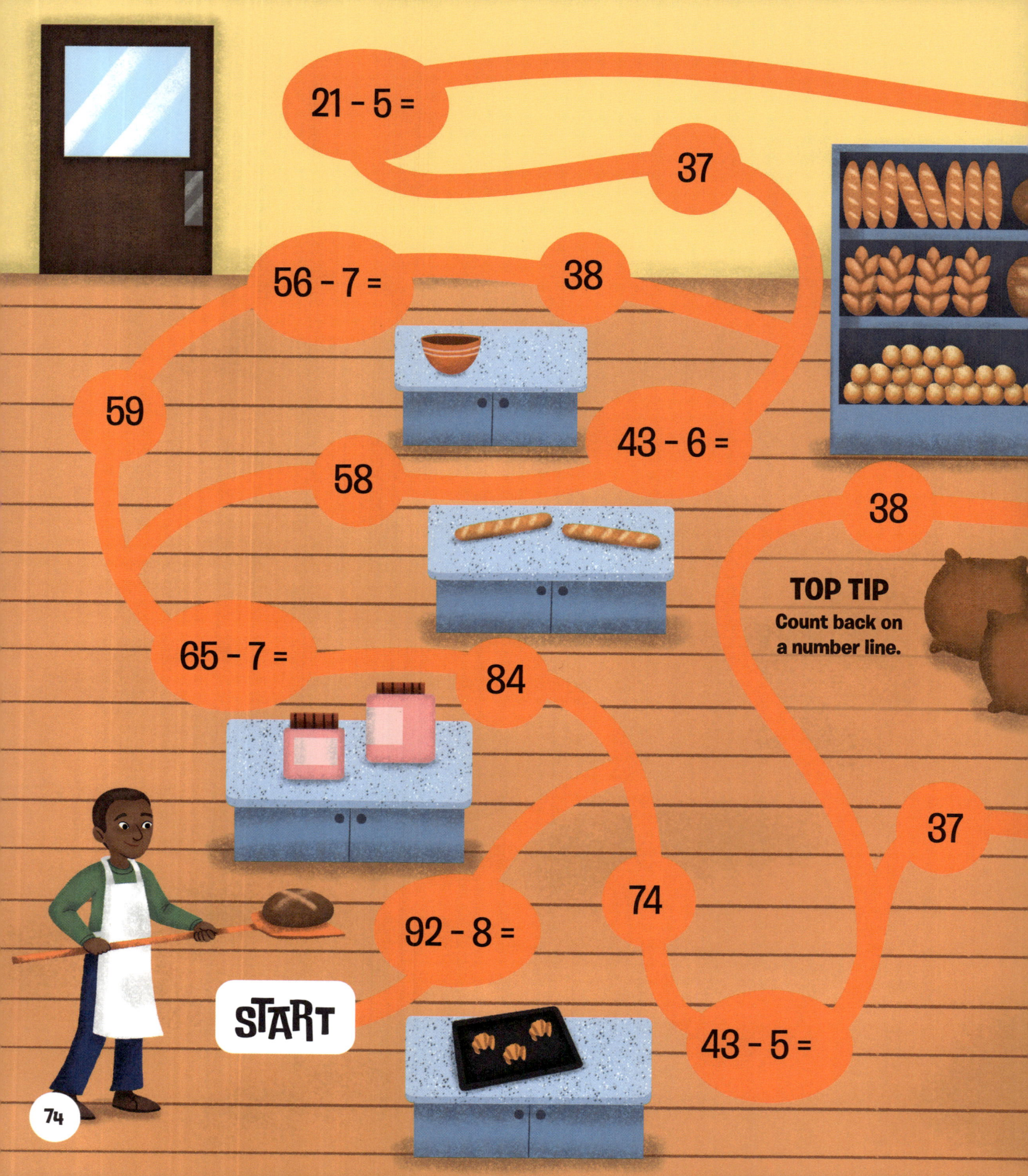

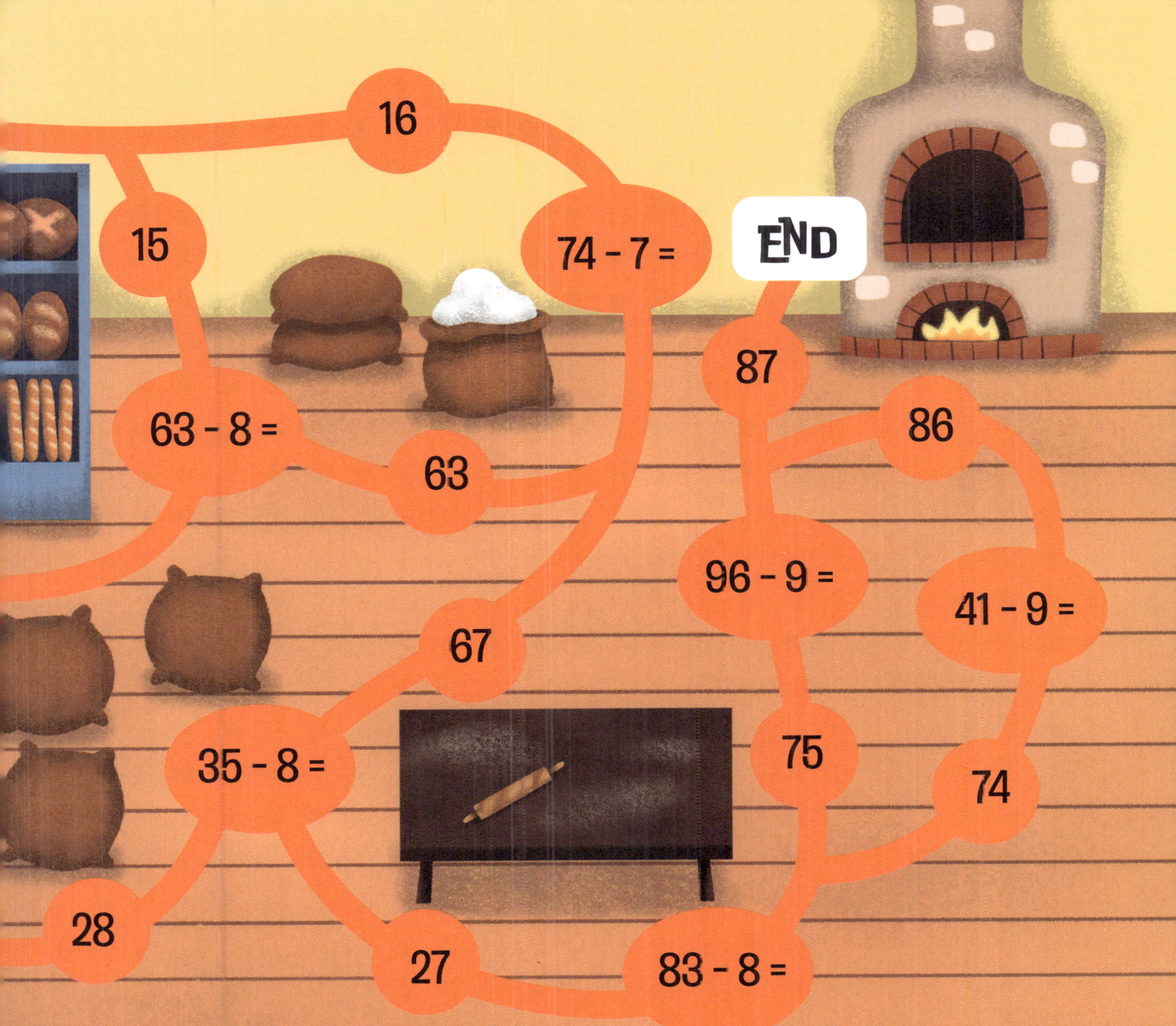

TAKE-AWAY A 1-DIGIT NUMBER ACROSS THE TENS

The dough is ready to be baked. Guide the baker through the bakery to the ovens. Complete the subtraction problems to find the correct way.

TIME TO TAKE-AWAY TEN

Brick by brick the builder is building the wall. Take away 10 from each number to guide the builder and his wheelbarrow to fetch more bricks.

TOP TIP
Use your place value knowledge to help.

START

100 − 20 = 80

100 − 70 = 90

100 − 70 = 40

30

TOP TIP
Use your number bonds to help.
10 − 2 = 8
100 − 20 = 80

30

40 20

50 100 − 60 =

100 − 40 =

60 80

90

100 − 10 =

Take Away Multiples of Ten from 100

Float in this hot-air balloon to the landing field. Take-away multiples of ten to find the right route through the clouds.

100 − 50 =

50

40

100 − 60 =

100 − 80 =

100 − 0 =

100

100 − 100 =

0

100 − 10 =

100

30

0

100 − 60 =

40

END

TAKE AWAY FROM 100

Take the tractor on its way through the farmyard to the hay barn. Solve the subtraction problems to find a route around the animals.

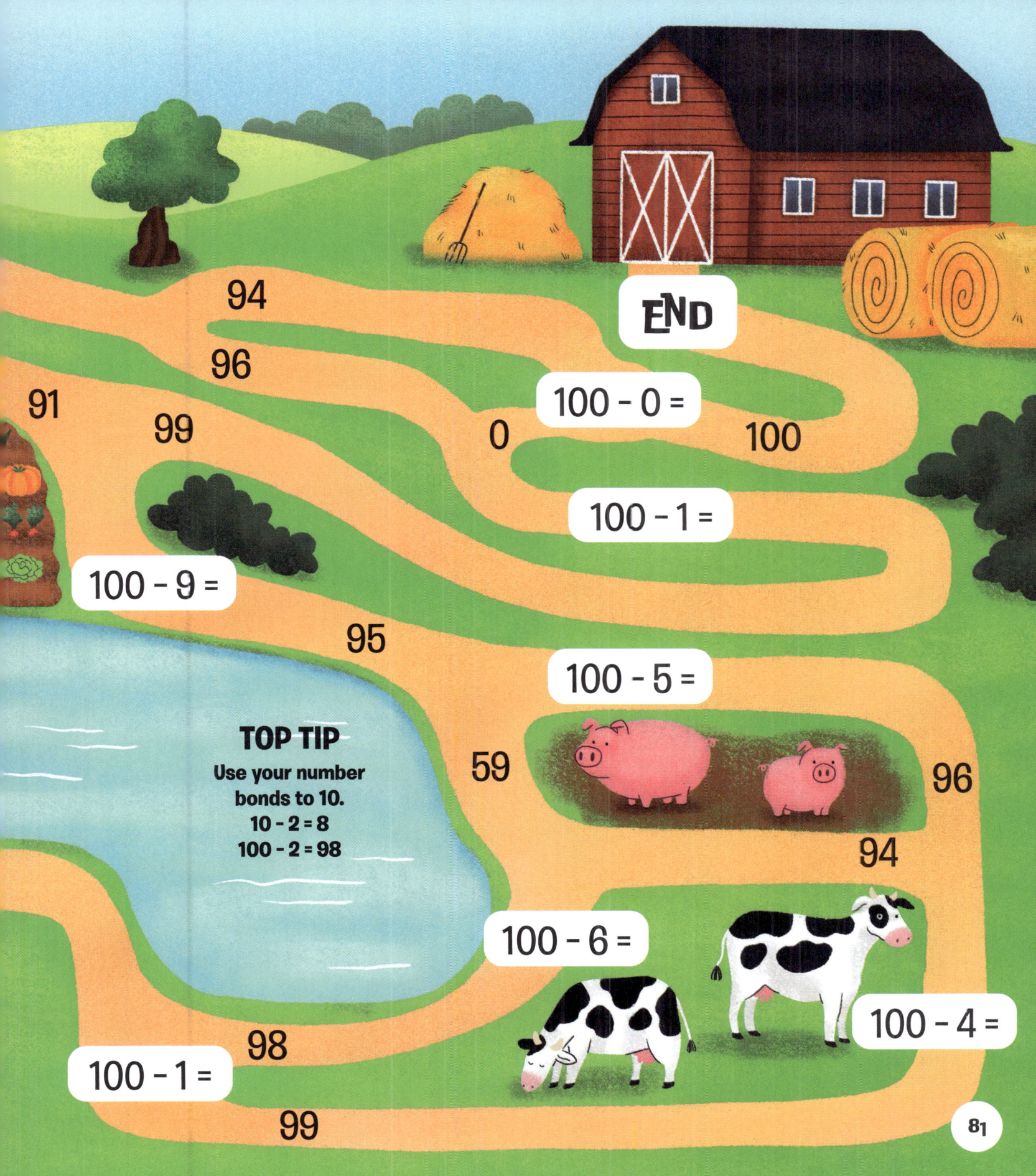

100 TAKE AWAY A 2-DIGIT NUMBER

Dive down deep with the diver to delve through the shipwreck. Subtract the numbers and follow the answers.

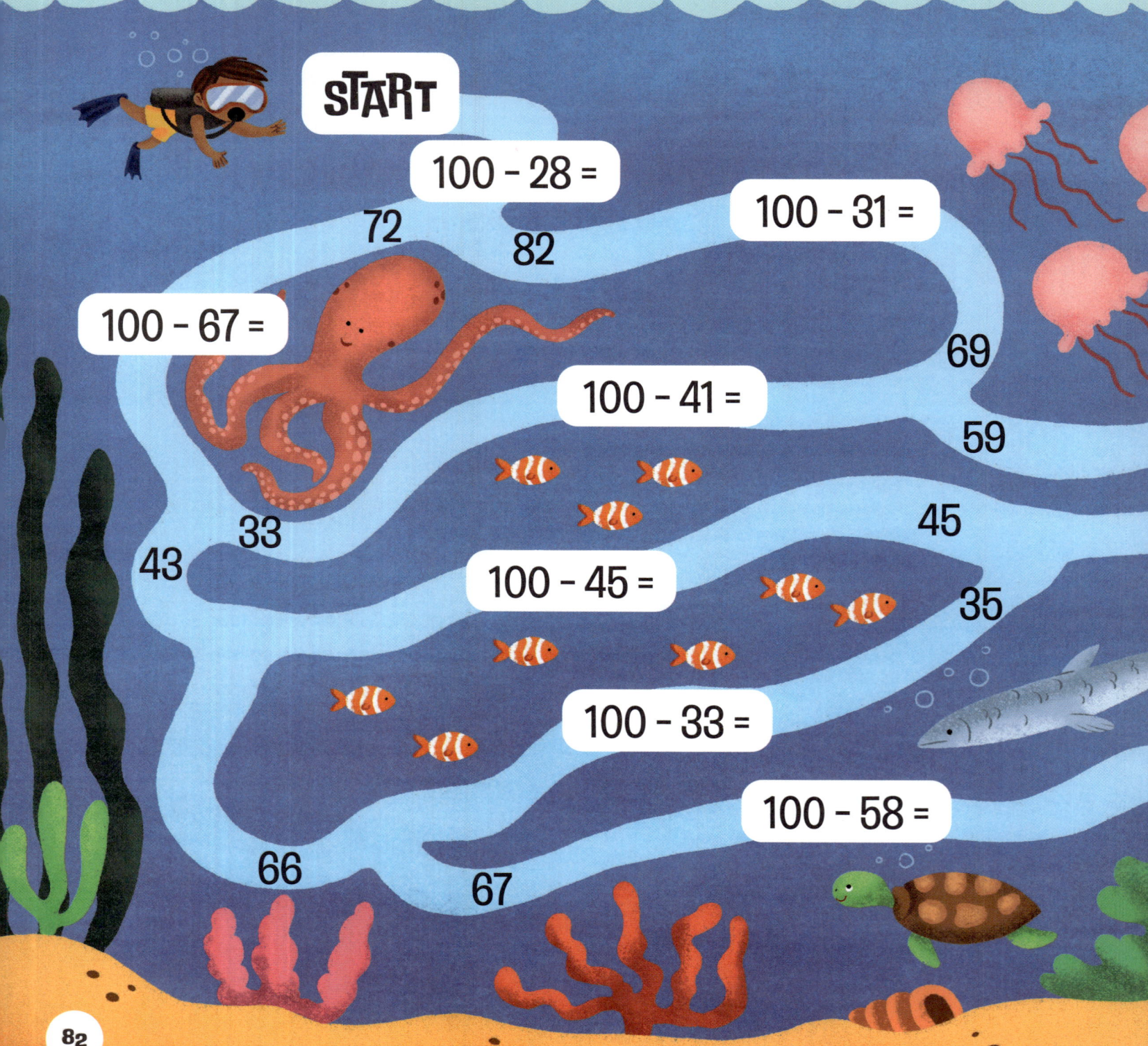

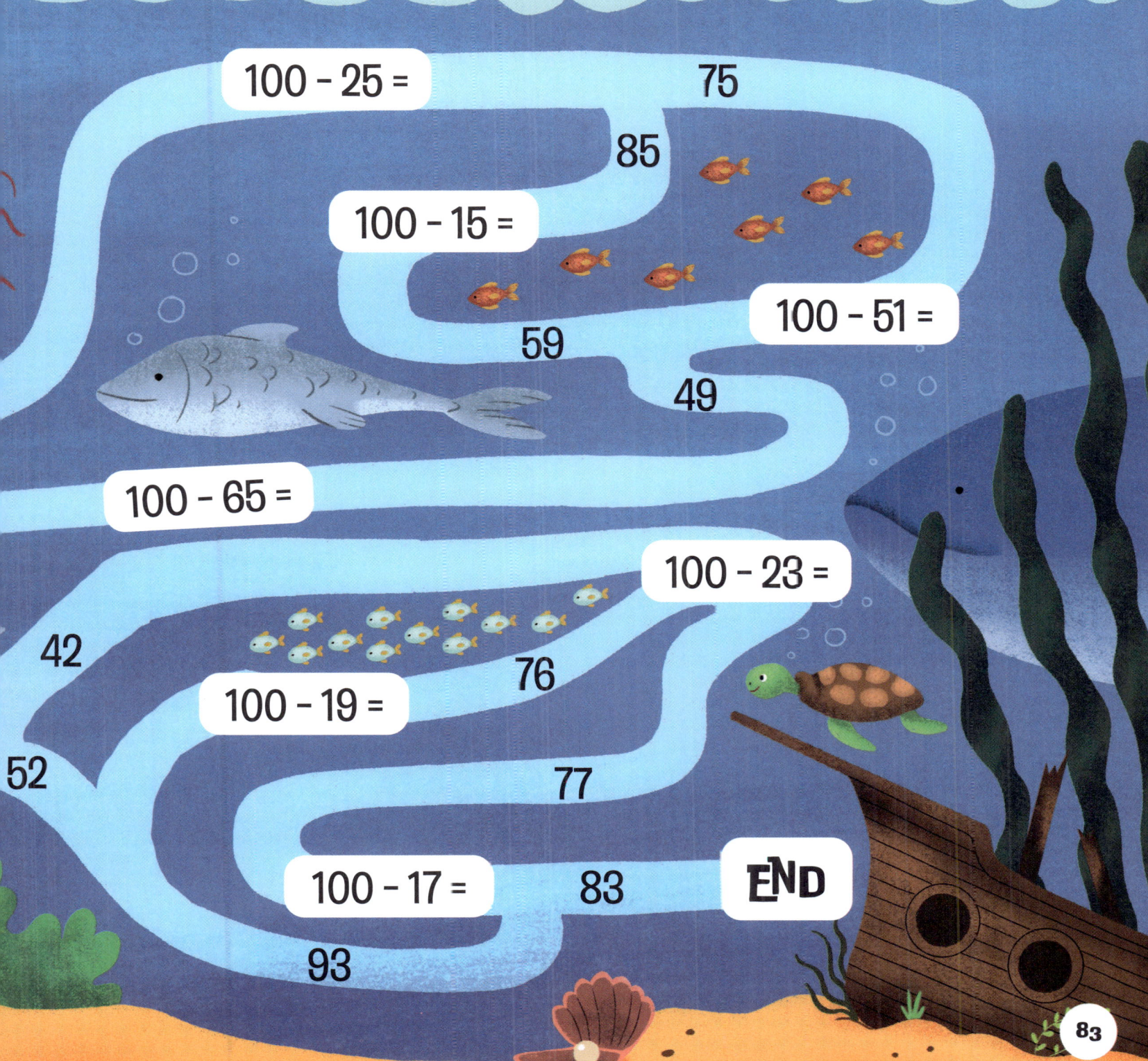

MIXED ADDING AND SUBTRACTING TO 100

Jump along with the kangaroo back to the joey. Add and subtract the numbers to find the correct path.

START

80 - 3 =

77   67

69   6 + 43 =

63 + 5 =

95 - 47 =   68

84   81

48   71   64 + 17 =

7 + 59 =

61 - 12 =

END   66   76

TOP TIP
These questions are mixed addition and subtraction.
Check the symbol—is it add or subtract?

87 - 4 =

83   84

58 + 5 =

43 - 11 =

73   63

96 - 2 =

6 + 43 =   95

94

65 - 23 =

42

98

41   75 + 23 =

88   54

93 - 24 =

ANSWERS

PAGES 4-5

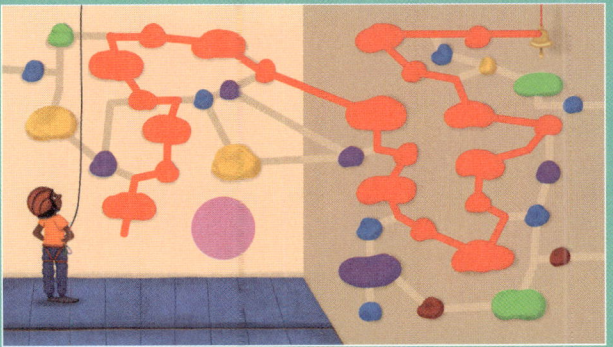

2 + 6 = 8
4 + 5 = 9
7 + 1 = 8
3 + 1 = 4

2 + 5 = 7
1 + 4 = 5
5 + 3 = 8
2 + 1 = 3

9 + 1 = 10
4 + 3 = 7

PAGES 6-7

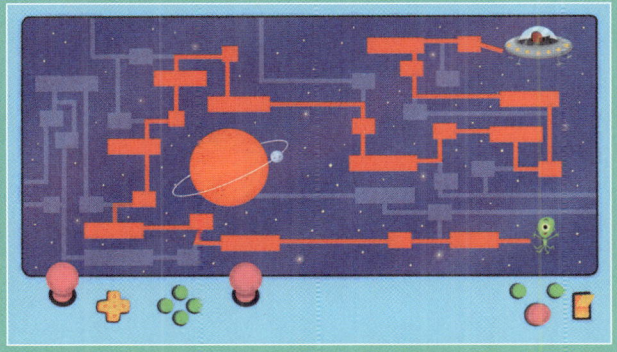

3 + 7 = 10
6 + 4 = 10
2 + 8 = 10
1 + 9 = 10

5 + 5 = 10
7 + 3 = 10
4 + 6 = 10
8 + 2 = 10

9 + 1 = 10
0 + 10 = 10

PAGES 8-9

10 - 3 = 7
10 - 6 = 4
10 - 2 = 8
10 - 1 = 9

10 - 4 = 6
10 - 8 = 2
10 - 9 = 1
10 - 5 = 5

10 - 0 = 10
10 - 7 = 3

PAGES 10-11

2 + 3 = 5
7 + 2 = 9
4 + 3 = 7
5 + 3 = 8

6 + 3 = 9
3 + 5 = 8
7 + 1 = 8
4 + 5 = 9

5 + 5 = 10
2 + 2 = 4

PAGES 12-13

0 + 10 = 10
5 + 10 = 15
10 + 10 = 20
3 + 10 = 13

4 + 10 = 14
6 + 10 = 16
9 + 10 = 19
7 + 10 = 17

8 + 10 = 18
2 + 10 = 12

PAGES 14-15

15 + 2 = 17
7 + 5 = 12
6 + 8 = 14
12 + 6 = 18

13 + 2 = 15
8 + 11 = 19
5 + 13 = 18
4 + 9 = 13

2 + 12 = 14
16 + 3 = 19

PAGES 16–17

12 + 8 = 20   18 + 2 = 20   7 + 13 = 20
17 + 3 = 20   15 + 5 = 20   10 + 10 = 20
16 + 4 = 20   1 + 19 = 20
11 + 9 = 20   6 + 14 = 20

PAGES 18–19

20 − 3 = 17   20 − 2 = 18   20 − 7 = 13
20 − 1 = 19   20 − 5 = 15   20 − 0 = 20
20 − 6 = 14   20 − 4 = 16
20 − 9 = 11   20 − 8 = 12

PAGES 20–21

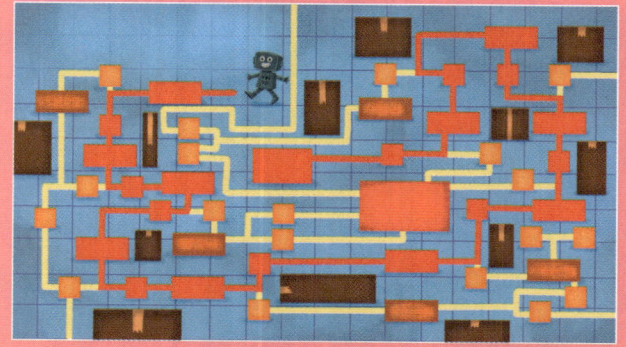

16 − 4 = 12   13 − 7 = 6   11 − 8 = 3
17 − 5 = 12   18 − 6 = 12   20 − 6 = 14
12 − 8 = 4   19 − 9 = 10
15 − 5 = 10   14 − 3 = 11

PAGES 22–23

3 + 3 = 6   8 + 8 = 16   1 + 1 = 2
5 + 5 = 10   10 + 10 = 20 6 + 6 = 12
2 + 2 = 4   7 + 7 = 14

PAGES 24–25

11 + 11 = 22 14 + 14 = 28 17 + 17 = 34
12 + 12 = 24 15 + 15 = 30 18 + 18 = 36
13 + 13 = 26 16 + 16 = 32 19 + 19 = 38

PAGES 26–27

23 + 4 = 27   33 + 4 = 37   5 + 34 = 39
6 + 32 = 38   44 + 3 = 47   8 + 21 = 29
41 + 5 = 46   2 + 26 = 28   1 + 46 = 47

Pages 28–29

20 + 30 = 50
10 + 30 = 40
40 + 20 = 60
80 + 10 = 90

60 + 20 = 80
40 + 10 = 50
70 + 20 = 90
50 + 30 = 80

60 + 10 = 70
30 + 40 = 70

Pages 30–31

18 + 10 = 28
27 + 10 = 37
71 + 10 = 81
44 + 10 = 54

23 + 10 = 33
56 + 10 = 66
32 + 10 = 42
64 + 10 = 74

37 + 10 = 47
89 + 10 = 99

Pages 32–33

28 + 20 = 48
35 + 40 = 75
13 + 30 = 43
47 + 50 = 97

66 + 20 = 86
34 + 50 = 84
24 + 20 = 44
39 + 20 = 59

46 + 10 = 56
17 + 40 = 57

Pages 34–35

64 + 12 = 76
52 + 17 = 69
33 + 55 = 88
22 + 47 = 69

56 + 21 = 77
41 + 32 = 73
64 + 21 = 85
35 + 22 = 57

43 + 41 = 84
35 + 21 = 56

Pages 36–37

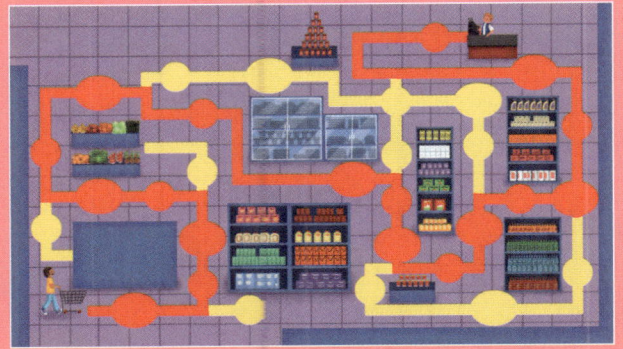

1 + 3 + 7 = 11
5 + 5 + 3 = 13
2 + 8 + 6 = 16

9 + 4 + 1 = 14
3 + 4 + 6 = 13
3 + 8 + 3 = 19

4 + 7 + 6 = 17
4 + 5 + 5 = 14
8 + 5 + 2 = 15

Pages 38–39

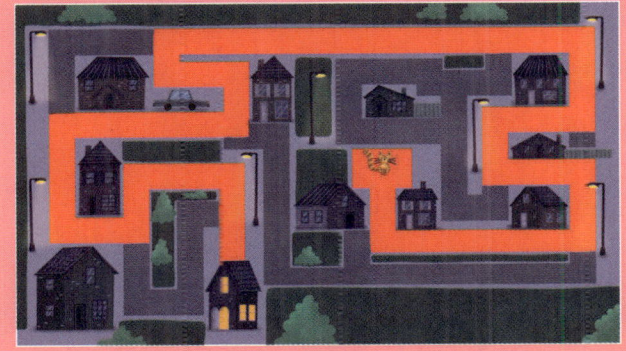

86 − 3 = 83
79 − 2 = 77
46 − 1 = 45
54 − 3 = 51

87 − 6 = 81
97 − 5 = 92
77 − 7 = 70
38 − 3 = 35

56 − 5 = 51
43 − 2 = 41

Pages 40–41

56 − 10 = 46
82 − 10 = 72
64 − 10 = 54

31 − 10 = 21
47 − 10 = 37
28 − 10 = 18

73 − 10 = 63
18 − 10 = 8

Pages 42–43

71 − 20 = 51
83 − 40 = 43
69 − 20 = 49
52 − 30 = 22

94 − 50 = 44
47 − 30 = 17
36 − 20 = 16
86 − 60 = 26

72 − 60 = 12
57 − 20 = 37

Pages 44–45

59 − 32 = 27
72 − 41 = 31
58 − 13 = 45
46 − 25 = 21

67 − 42 = 25
85 − 63 = 22
96 − 65 = 31
55 − 21 = 34

39 − 12 = 27
27 − 16 = 11

Pages 46–47

20 + 20 = 40
21 + 21 = 42
22 + 22 = 44
23 + 23 = 46

24 + 24 = 48
25 + 25 = 50
26 + 26 = 52
27 + 27 = 54

28 + 28 = 56
29 + 29 = 58

Pages 48–49

10 + 10 = 20
15 + 15 = 30
20 + 20 = 40

25 + 25 = 50
30 + 30 = 60
35 + 35 = 70

40 + 40 = 80
45 + 45 = 90
50 + 50 = 100

Pages 50–51

10 + 10 = 20
20 + 20 = 40
30 + 30 = 60
40 + 40 = 80

50 + 50 = 100
60 + 60 = 120
70 + 70 = 140
80 + 80 = 160

90 + 90 = 180
100 + 100 = 200

Pages 52-53

10 + 20 + 30 = 60
40 + 60 + 10 = 110
50 + 50 + 20 = 120
90 + 30 + 10 = 130

80 + 40 + 20 = 140
20 + 80 + 50 = 150
70 + 30 + 30 = 130
40 + 40 + 20 = 100

30 + 40 + 30 = 100
70 + 50 + 30 = 150

Pages 54-55

27 - 10 = 17
45 + 20 = 65
76 - 30 = 46
15 + 40 = 55

36 + 20 = 56
82 - 50 = 32
97 - 80 = 17
61 - 30 = 31

48 + 20 = 68
83 - 40 = 43

Pages 56-57

28 + 1 = 29
76 + 1 = 77
43 + 1 = 44

52 + 1 = 53
37 + 1 = 38
13 + 1 = 14

61 + 1 = 62
84 + 1 = 85
95 + 1 = 96

Pages 58-59

28 - 1 = 27
76 - 1 = 75
43 - 1 = 42

52 - 1 = 51
37 - 1 = 36
13 - 1 = 12

61 - 1 = 60
84 - 1 = 83

Pages 60-61

9 + 1 = 10
19 + 1 = 20
29 + 1 = 30

39 + 1 = 40
49 + 1 = 50
59 + 1 = 60

69 + 1 = 70
79 + 1 = 80
89 + 1 = 90

Pages 62-63

100 - 1 = 99
90 - 1 = 89
80 - 1 = 79

70 - 1 = 69
60 - 1 = 59
50 - 1 = 49

40 - 1 = 39
30 - 1 = 29
20 - 1 = 19

pages 64–65

5 + 26 = 31
6 + 55 = 61
8 + 34 = 42

7 + 46 = 53
3 + 79 = 82
4 + 28 = 32

9 + 52 = 61
2 + 88 = 90
7 + 65 = 72

pages 66–67

100 + 23 = 123
100 + 82 = 182
100 + 74 = 174

100 + 37 = 137
100 + 45 = 145
100 + 61 = 161

100 + 12 = 112
100 + 56 = 156

pages 68–69

10 + 28 = 38
50 + 37 = 87
30 + 65 = 95

70 + 29 = 99
80 + 13 = 93
60 + 14 = 74

20 + 35 = 55
40 + 22 = 62
30 + 23 = 53

pages 70–71

37 + 15 = 52
64 + 28 = 92
55 + 36 = 91

26 + 57 = 83
17 + 34 = 51
33 + 19 = 52

48 + 16 = 64
25 + 47 = 72
39 + 17 = 56

pages 72–73

8 + 3 + 2 = 13
9 + 1 + 5 = 15
7 + 8 + 3 = 18

4 + 4 + 6 = 14
9 + 9 + 7 = 25
6 + 9 + 6 = 21

8 + 8 + 7 = 23
5 + 5 + 5 = 15

pages 74–75

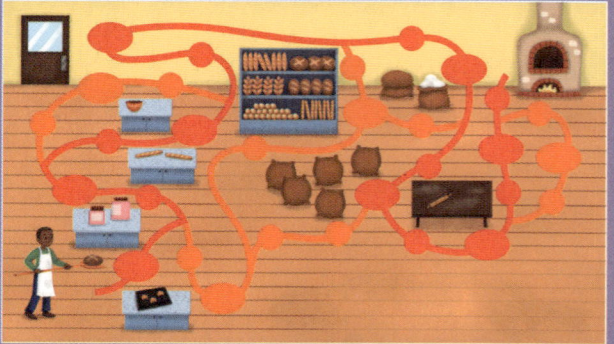

92 − 8 = 84
65 − 7 = 58
43 − 6 = 37

21 − 5 = 16
74 − 7 = 67
35 − 8 = 27

83 − 8 = 75
96 − 9 = 87

PAGES 76-77

87 - 10 = 77
39 - 10 = 29
56 - 10 = 46

91 - 10 = 81
63 - 10 = 53
27 - 10 = 17

24 - 10 = 14
88 - 10 = 78

PAGES 78-79

100 - 20 = 80
100 - 50 = 50
100 - 80 = 20

100 - 70 = 30
100 - 40 = 60
100 - 10 = 90

100 - 0 = 100
100 - 100 = 0
100 - 60 = 40

PAGES 80-81

100 - 2 = 98
100 - 8 = 92
100 - 7 = 93
100 - 3 = 97

100 - 1 = 99
100 - 4 = 96
100 - 5 = 95
100 - 9 = 91

100 - 6 = 94
100 - 0 = 100

PAGES 82-83

100 - 28 = 72
100 - 67 = 33
100 - 41 = 59
100 - 25 = 75

100 - 51 = 49
100 - 65 = 35
100 - 33 = 67
100 - 58 = 42

100 - 23 = 77
100 - 17 = 83

PAGES 84-85

50 - 3 = 47
23 + 5 = 28
48 - 6 = 42
36 + 7 = 43

39 - 4 = 35
25 + 12 = 37
39 - 23 = 16
23 + 17 = 45

43 - 15 = 28
26 + 15 = 41

PAGES 86-87

80 - 3 = 77
63 + 5 = 68
87 - 4 = 83
58 + 5 = 63

96 - 2 = 94
75 + 23 = 98
65 - 23 = 42
64 + 17 = 81

95 - 47 = 48
7 + 59 = 66

RESOURCES

Hundred square

1	2	3	4	5	6	7	8	9	10
11	12	13	14	15	16	17	18	19	20
21	22	23	24	25	26	27	28	29	30
31	32	33	34	35	36	37	38	39	40
41	42	43	44	45	46	47	48	49	50
51	52	53	54	55	56	57	58	59	60
61	62	63	64	65	66	67	68	69	70
71	72	73	74	75	76	77	78	79	80
81	82	83	84	85	86	87	88	89	90
91	92	93	94	95	96	97	98	99	100

Number line

1	2	3	4	5	6	7	8	9	10	11	12	13	14	15	16	17	18	19	20